清真寺

胡文荟　霍　丹　吴晓东　著

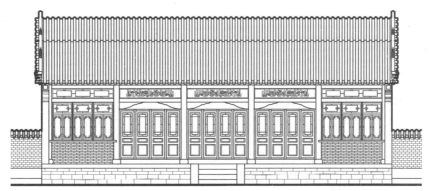

中国建筑既是延续了两千余年的一种工程技术，本身已造成一个艺术系统，许多建筑物便是我们文化的表现、艺术的大宗遗产。

——梁思成

U0304551

江苏凤凰科学技术出版社

图书在版编目（CIP）数据

大连古建筑测绘十书. 清真寺 / 胡文荟，霍丹，吴
晓东著. —— 南京：江苏凤凰科学技术出版社，2016.5
ISBN 978-7-5537-5708-7

Ⅰ. ①大… Ⅱ. ①胡… ②霍… ③吴… Ⅲ. ①清真寺
－古建筑－建筑测量－大连市－图集 Ⅳ. ①TU198-64

中国版本图书馆CIP数据核字(2016)第279557号

大连古建筑测绘十书

清真寺

著　　　者	胡文荟　霍 丹　吴晓东	
项 目 策 划	凤凰空间/郑亚男　张 群	
责 任 编 辑	刘屹立	
特 约 编 辑	张 群　李皓男　周 舟　丁 兴	

出 版 发 行	凤凰出版传媒股份有限公司 江苏凤凰科学技术出版社
出版社地址	南京市湖南路1号A楼，邮编：210009
出版社网址	http://www.pspress.cn
总 经 销	天津凤凰空间文化传媒有限公司
总经销网址	http://www.ifengspace.cn
经 　　销	全国新华书店
印 　　刷	北京盛通印刷股份有限公司

开 　　本	965 mm×1270 mm 1／16
印 　　张	3.5
字 　　数	28 000
版 　　次	2016年5月第1版
印 　　次	2023年3月第2次印刷

标 准 书 号	ISBN 978-7-5537-5708-7
定 　　价	78.80元

图书如有印装质量问题，可随时向销售部调换（电话：022-87893668）。

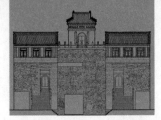

图书总序

我在大连理工大学建筑与艺术学院兼职数年，看到建筑系一群年轻教师在胡文荟教授的带领下，对中国传统建筑文化研究热情高涨，奋力前行，很是令人感动。去年，我欣喜地看到了他们研究团队对辽南古建筑研究的成果，深感欣慰的同时，觉得很有必要向大家介绍一下他们的工作并谈一下我的看法。

这套丛书通过对辽南10余处古建筑的测绘、分析与解读，从一个侧面传达了我国不同地域传统建筑文化的传承与演进的独有的特色，以及我国传统文化在建筑中的体现与价值。

中国古代建筑具有悠久的历史传统和光辉的成就，无论是在庙宇、宫室、民居建筑及园林，还是在建筑空间、艺术处理与材料结构的等方面，都对人类有着卓越的创造与贡献，形成了有别于西方建筑的特殊风貌，在人类建筑史上占有重要的地位。

自近代以来，中国文化开始了艰难的转变过程。从传统社会向现代社会的转变，也是首先从文化的转变开始的。如果说中国传统文化的历史脉络和演变轨迹较为清晰的话，那么，近代以来的转变就似乎显得非常复杂。在近代以前，中国和西方的城市及建筑无疑遵循着不同的发展道路，不仅形成了各自的文化制式，而且也形成了各自的城市和建筑风格。

近代以来，随着西方列强的侵入以及建筑文化的深入影响，开始对中国产生日益强大的影响。长期以来，认为西方城市建筑是正统历史传统，东方建筑是非正统历史传统这一"西方中心说"的观点存在于世界建筑史研究领域中。在弗莱彻尔的《比较建筑史》上印有一幅插图——"建筑之树"，罗马、希腊、罗蔓式是树的中心主干，欧美一些国家哥特式建筑、文艺复兴建筑和近代建筑是上端的6根主分枝。而摆在下面一些纤弱的幼枝是印度、墨西哥、埃及、亚述及中国等，极为形象地表达了作者的建筑"西方中心说"思想。今天，建筑文化的特质与地域性越发引起人们的重视。中国的城市与建筑无论古代还是近代与当代，都被认为是在特定的环境空间中产生的文化现象，其复杂性、丰富性以及特殊意义和价值已经令所有研究者无法回避了。

在理论层面上开拓一条中国建筑的发展之路就是对中国传统建筑文化的研究。

建筑文化应该是批判与实践并重的，因为它不局限于解释各种建筑文化现象，而是要为建筑文化的发展提供价值导向。要提供价值选向，先要做出正确的价值评判，所以必须树立一种正确的价值观。这套丛书也是在此方面做出了相当的努力。当然得承认，传统文化可能是也一柄多刃剑。一方面，传统文化也可能成为一副沉重的十字架，限制我们的创造潜能；而另一面，任何传统文化都受历史的局限，都可能是糟粕与精华并存，即便是精华，也往往离不开具体的时空条件。与此同时又可以成为智慧的源泉，一座丰富的宝库，它扩大我们的思维，激发我们的想象。

中国传统文化博大精深，建筑文化更是同样。这套书的核心在如下三个方面论述：具体层面的，传统建筑中古典美的斗拱、屋顶、柱廊的造型特征，书画、诗文与工艺结合的装修形式，以及装饰纹样、各式门窗菱格，等等。宏观层面的，"天人合一"的自然观和注重环境效应的"风水相地"思想，阴阳对立、有无互动的哲学思维和"身、心、气"合一的养生观，等等。这期中蕴含着丰富的内涵、深邃的哲理和智慧。中观层面的，庭院式布局的空间韵律，自然与建筑互补的场所感，诗情画意、充满人文精神的造园艺术，形、数、画、方位的表象

与隐喻的象征手法。当然不论是哪个层面的研究，传统对现代的价值还需要我们在新建筑的创作中去发掘，去感知。

2007年以来，这套丛书的作者们先后对位于大连市的城山山城、巍霸山城、卑沙山城附近范围的10余处古建进行了建筑测绘和研究工作，而后汇集成书。这套大连古建筑丛书主要以照片、测绘图纸、建筑画和文字为主，并辅以视频光盘，首批先介绍大连地区的10余处古建，计大家在为数不多的辽南古建筑中感受到不同的特色与韵味。

希望他们的工作能给中国的古建筑研究添砖加瓦，对中国传统建筑文化的发展有所裨益。

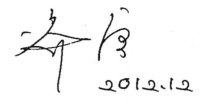

2012.12

前言

清真寺是伊斯兰教的寺院，如今，在中国的许多地方，都可以看到形式各异的清真寺。

清初，山东、河北地区的回民先后挑担来复州城经商落户。顺治六年，他们筹集银两在城西南隅买下一块菜地和三间草房作清真寺，后历经扩建，此处是辽南最早建成的清真寺。

曾任山西省主考的热河穆斯林王廷相书写的"还朴归真"匾额，古朴静寂，见证了古城回族人的信仰——繁华落尽，平淡归真。

"长风破浪会有时，直挂云帆济沧海"，是李白放弃功名后的呐喊；"采菊东篱下，悠然见南山"，是陶潜告别过去的我心依旧。花开荼蘼迷人眼，功名利禄终成空。还朴归真，才能不在清醒与睡梦中放逐。

在入世与出世里游走，在爱与失爱里轮回，找回最初的自己。独爱那一抹潜隐的幽香，独恋那未经尘世烟火的清欢。闲看云起云落，醉听鸟语虫鸣。大道至简，夫复何求。

风月无声，心若琉璃。轻风呢喃，琴声婉转，那些镌刻在流年里的故事，于花香云淡的夜里，点缀前行的脚步，温润生命的美丽。

风起云涌翻手覆掌间，叱咤风云经年，然后归矣，万物循环，返璞归真。智者不语，达者无言，笑看此朝英雄人物呼风唤雨，改天换地。捧一杯清茶，掬一缕花香，乐享天伦，悠然望南山，且看红尘何变换，唯留传说颂唱不断。

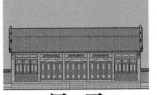

目 录

历史沿革

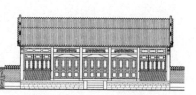

　　复州城清真寺坐落于瓦房店市复州城镇大公委甜水巷，占地面积约 3000 平方米。该寺历史悠久，初期规模较小，后经陆续重修、扩建。该寺有教职人员 1 人，寺管会成员 11 人，辖区穆斯林群众 300 余户、1000 多人。复州城是瓦房店市辖区的中心，地理位置优越，四通八达，东距瓦房店市 32 公里，南距大连市 100 公里，城镇面积约 12 平方公里，人口约 5.2 万。复州城夏无酷暑，冬无严寒，四季分明，气候宜人。境内北部多丘陵，南部为平原，复州河与珍珠河流经此地。

　　历史上复州城就是瓦房店地区的商贸重镇，城内商贾云集，一片繁荣景象。繁荣的经济造就了这座历史文化名城，城内历史遗存甚多，辽代的"永丰塔"、清代的"横山书院"以及树龄逾 400 年的龙爪槐，历代知州的衙署也都设于此。

　　据《大连市志·宗教志》载：清崇德六年（1641 年）前后，河北沧州地区青县和沧县的尹、戴、马、回等姓回民迁徙到复州城居住，并于顺治六年（1649 年）在复州城西南隅开始筹建清真寺，到顺治十三年建成，建三间草房为清真寺大殿供礼拜之用，同时还建了几间草房做水房和阿訇的住宅，并在寺的北侧打水井一眼。乾隆三十九年（1774 年），重建清真寺。新建的清真寺坐西朝东，仍为草房，建筑面积约 100 平方米，建筑风格为中国庙宇式（图 1）。同时在寺的南北各建 5 间草房，南 5 间草房为阿訇的住宅和办公室，北 5 间为水房。光绪六年（1880 年），对清真寺进行了扩建和维修，在水房的北侧又建 7 间草房做仓库。清代著名的回族将领左宝贵将军在辽南地区视察防务经过复州时，曾来寺礼拜，并赠"万化朝真"匾额一方。1920 年，由于回民数量增加，对清真寺又进行了扩建，屋顶改覆青瓦，扩建后的大殿建筑面积为 272 平方米。1966 年"文化大革命"开始后，清真寺的一切宗教活动全部停止。清真寺遭到破坏和占用，办起家具厂和编织厂。编织厂遭火烧毁，后又修复。1979 年，复县政府开始落实党的宗教政策。1980 年春，复州城镇政府责令家具厂、编织厂迁出清真寺并还给回民，复州城镇对该寺陆续进行重建和修缮。

图 1 横山书院博物馆内清真寺模型

1980 年 8 月，清真寺恢复了正常的宗教活动。1988 年，维修了清真寺的天沟。至此，大殿建筑面积仍为 272 平方米，20 间瓦房建筑面积为 295 平方米，占地总面积约 2400 平方米。清真寺的经济来源主要是回民的乜贴及房屋出租的收入，完全可以自养。

该寺有 300 多年历史，1995 年登记为宗教活动场所，2004 年被大连市政府列为市级文物保护单位。该寺是研究清朝以来宗教发展演变以及建筑艺术的重要实物资料（图 2）。

图 2 清真寺前院内历史石碑

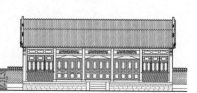

院落组合

清真寺是伊斯兰教的宗教建筑。随着伊斯兰文化在中国内地的广泛传播，传统建筑与伊斯兰建筑相结合，形成循守中国建筑特征的宗教建筑，中国清真寺建筑成为伊斯兰文化在中国本土化过程中最具价值的物质表现。

中国清真寺可以分为两大体系：一类主要分布在新疆等少数民族地区，是阿拉伯风格的清真寺；另一类主要分布在内地，是中国传统建筑风格的清真寺，多为明清时期修建或重建的。

通常采用中国古代传统四合院布局方式的中国内地清真寺，在空间的处理上，将中心建筑布置于院落的几何中心，强调中轴对称。由于教徒做礼拜时都必须面向圣城方向，伊斯兰教圣城麦加又位于中国的西方，所以按规矩采用坐西朝东的方位是清真寺的主体建筑，中轴线也就形成东西朝向的布局方式，且寺门一般均开设于东面。

清真寺一般为一进院落，即使是多进院落，也通过每进院落所设的厅、牌坊、门楼等使院落之间的空间通透，从而达到宗教空间氛围的层层深入，以利于宗教仪式的组织（图3）。中国的佛教、道教建筑院落与其比较，空间布局相对封闭，其偶像崇拜的神秘感和宗教气氛是靠各院落中心建筑的形制逐步提高来渲染提升的。中国内地清真寺则讲求中轴线上院落空间的循序渐进和前后贯通。

正在修建

图3 清真寺总平面彩色渲染图

  从平面布局上看（图4、图5），复州城清真寺为一进院落，沿东西中轴线设有卷棚殿、礼拜大殿与窑殿。寺门设于南侧，在院落空间上形成南北轴线，教长室、经堂、水房、埋汰房及其他生活用房正对寺门位于大殿北侧，南面为阿訇住宅。大殿两侧各有一月亮门。其他附属建筑还有尖宝顶四角井亭、经匣室、会客室、寝室等。在主轴线中心设置礼拜大殿，在南北轴线尽端设置教长室，这样的格局从伊斯兰教的五信教义"信天使、信安拉、信先知、信经典、信后世"中探究，能感受到其宗教信仰内涵和世俗生活外延的一种融合。位于大殿北侧的角井亭正在修复建设中，其外立面为四脊攒尖形式，宝顶为两层，又称克朗楼。此外，在东西轴线上，大殿月台正对一排高大的杨树，使得清真寺中心院落空间具有"三合院"的感觉。殿门前种有草坪，设石桌石凳，院中栽有银杏和悬铃木。整座寺院在绿树的掩映下，平添了清净超然的意蕴。

1. 入口
2. 库房
3. 客房
4. 厨房
5. 主殿
6. 诵经室
7. 淋浴室

清真寺·

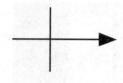

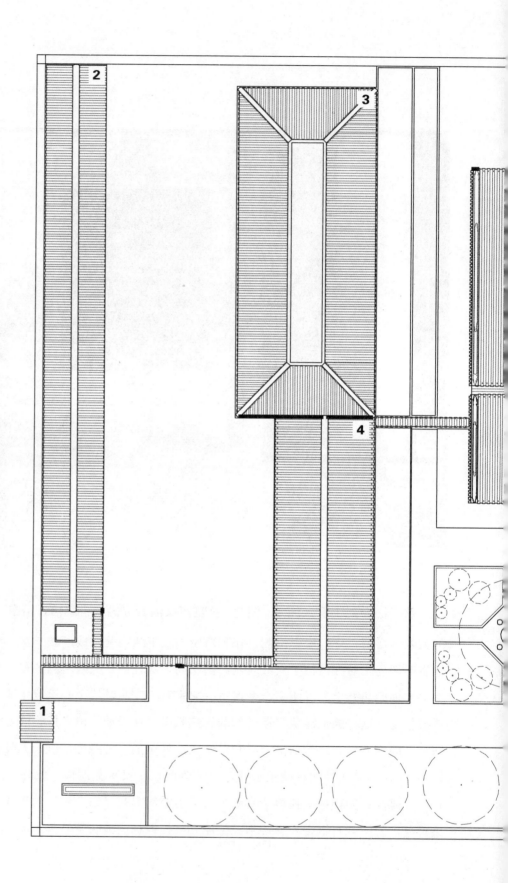

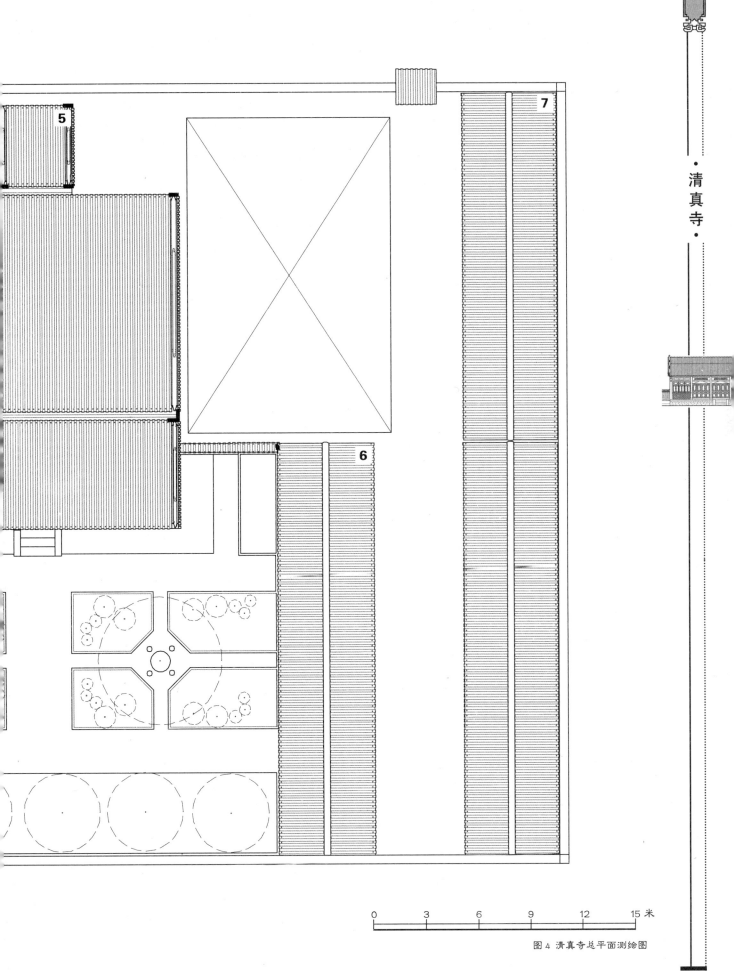

清真寺·

图 4 清真寺总平面测绘图

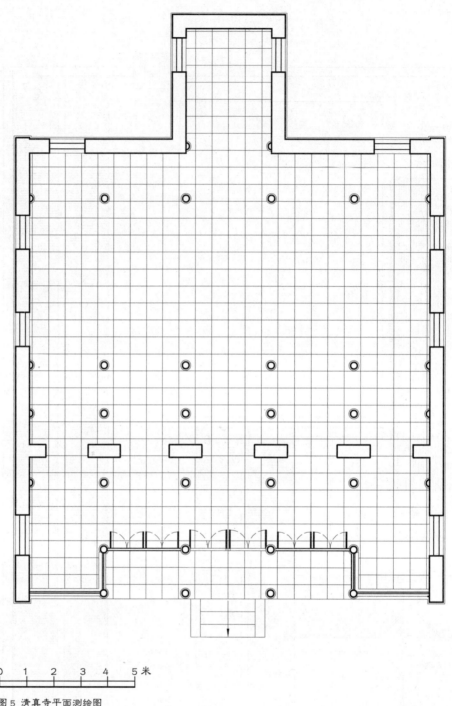

图 5 清真寺平面测绘图

寺内院落景观结构没有采用传统中国古典园林的样式，而是回归伊斯兰园林的十字中轴对称的经典园林结构，使得复州城清真寺的院落景观（图6、图7）和建筑立面（图8～图13）体现了伊斯兰宗教精神的传承感和庄重感。

图 6 清真寺前院南侧月亮门

图 7 从清真寺前院眺望主殿

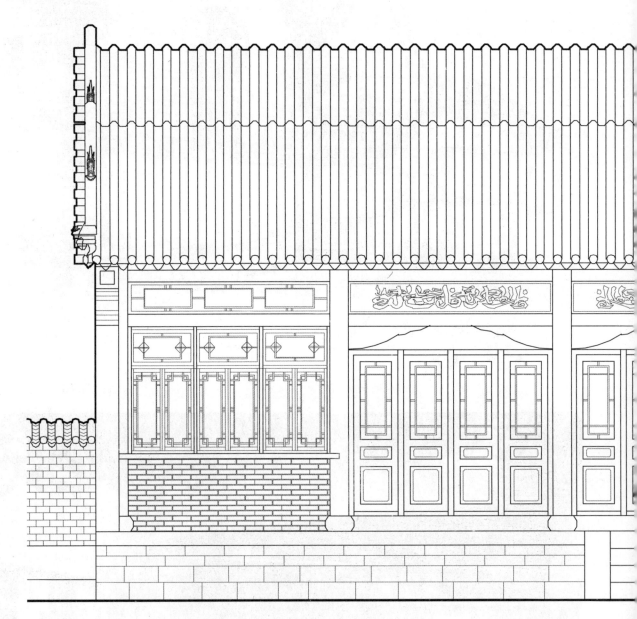

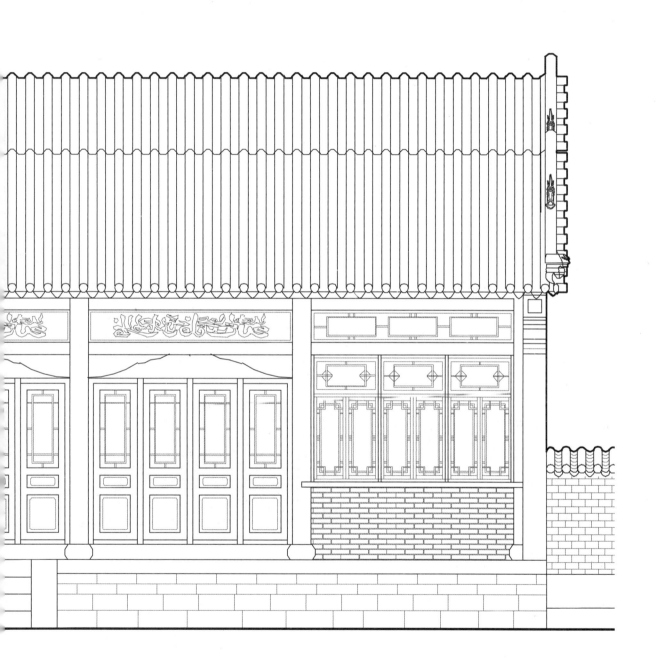

0   1   2   3   4   5 米

图 8 清真寺东立面测绘图

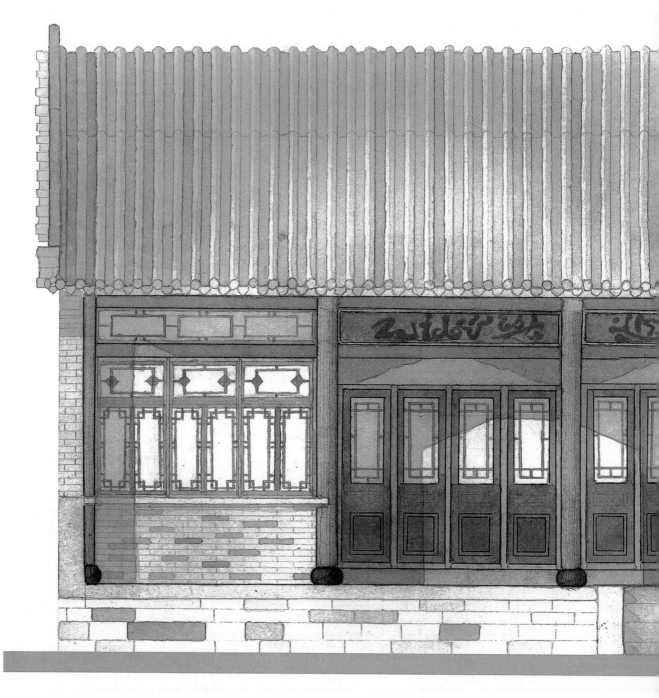

图9 清真寺东立面渲染图

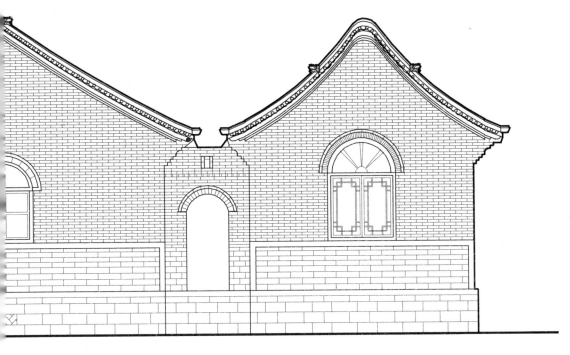

0   1   2   3   4   5 米

图 10 清真寺南立面测绘图

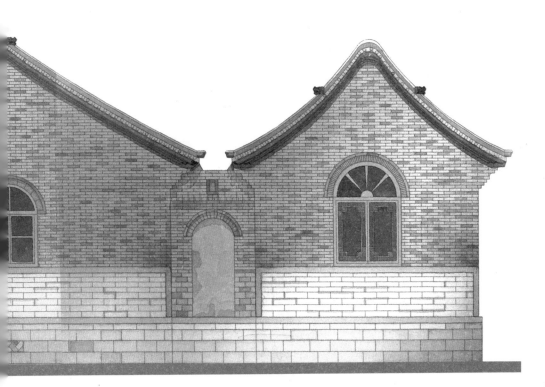

图 11 清真寺南立面渲染图

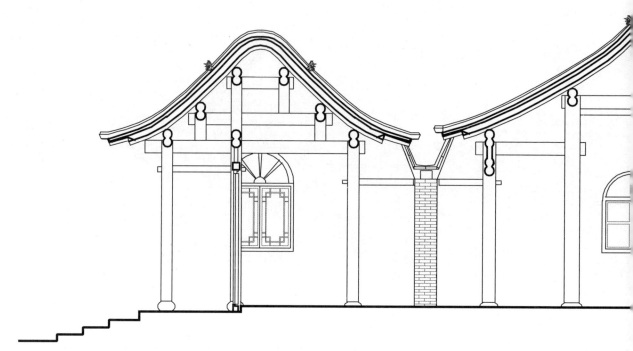

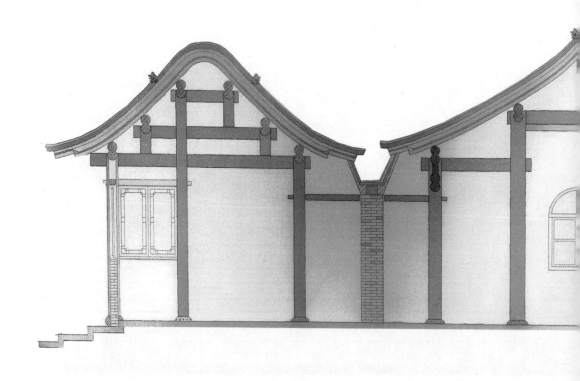

图 12 清真寺剖面测绘图之一

图 13 清真寺剖面渲染图

复州城清真寺建筑群体布置基本符合中国内地清真寺的普遍格局，但有所不同的是清真寺的正门设于南侧，这是明显的非常规做法。一般清真寺建筑群的寺院空间为沿轴线依次纵向展开：牌楼、大门、二门、礼拜大殿等，均位于轴线上，邦克楼一般也布置在此轴线上（亦有置于寺院一角的常例），两侧的厢房则用作办公用房或讲堂，由此围合成一间间内向的大小院落（图14）。阿訇宿舍、水房、沐浴室、诵经室等辅助性用房（图15）多设在大殿侧旁或背后的庭院内。由于清真寺其场地容易受到地形条件等环境因素的制约，又位于信徒聚居的区域内，因此，往往会因地制宜地对清真寺进行灵活布局，但必须以不违背教义为前提。考虑到当时复州城建城历史，我们认为受地形、周围环境和城市布局限制的因素并不明显。这样的布局是受到北方地区传统民居"三合院"的影响（图16）。

图14 从清真寺门外眺望内院

图 15 清真寺辅助性用房

图 16　清真寺主殿

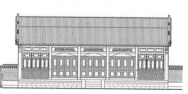

辅助建筑

　　复州城清真寺的主殿与厢房之间各有一个月亮角门（图17、图18）。月亮门是大型宅院中在院墙上开设的圆弧形洞门，它既可透过门洞引入另一侧的景观，又可作为院与院之间的出入通道，兼具装饰性与实用性。清真寺的月亮角门由青砖砌成，门洞之上覆有青色筒瓦，造型简单精巧。

图 17 从清真寺后院眺望南侧月亮门

图 18 清真寺通向后院月亮门

主体构架

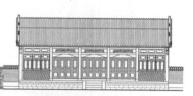

复州城清真寺的建筑单体，遵循中国内地清真寺的一般特点，既明显带有中国北方传统建筑风格，又属于中国古典建筑的结构体系和建筑形制。复州城清真寺在寺院建筑不断扩建改造过程中，依照北方地区的地域特点和穆斯林的信仰进行了富有创造性的融合，体现出了较高的建筑文化特色。

复州城清真寺的主体建筑为卷棚前殿，连接礼拜大殿与窑殿（即天房），坐西朝东，大殿总面积约为500平方米。卷棚前殿正门面阔五间，进深两间（图19）。整体建筑通面阔20余米，通进深为30余米；礼拜大殿坐西面东，有三十二根柱，平面开间柱网为等距布置，大殿殿内举架高大，梁柱整齐规一，人处其中，

图19 清真寺主殿内景

心中顿觉空明。

　　窑殿位于建筑最深处，殿内有凹壁（图20、图21），为阿訇讲经之所。凹壁的后墙上镶有一块"亘古清真"的大型石刻。清真寺内无任何偶像，因为伊斯兰教反对偶像崇拜，人们在做礼拜时只要面向麦加即可，所以清真寺大殿一般面阔小于进深。大殿内部墙壁为灰白色，配红色踢脚线，地面铺以绿色地毯，阳光透过各窗射进来，整个大殿内辉煌明净。

图20　清真寺主殿内凹壁

图 21 清真寺主殿内由入口看向凹壁

　　复州城清真寺全殿呈窄而深的平面，因屋顶用"勾连搭"结构，使整座大殿富于变化，主次分明，可容纳300多人同时做礼拜，这是一种非常成功的扩大空间处理手法。从平面可见，在复州城清真寺内部，卷棚前殿与礼拜大殿之间的勾连搭结构连接处正好设置了一道墙并开五个圆拱门，非常合理而巧妙地将前殿与礼拜大殿做出了空间上富有节奏的分隔，同时给予步入大殿的信众以心理和情绪上的铺垫。

　　从复州城清真寺大殿外部来看，整座建筑墙壁以石材为墙基，上砌青砖，殿脊为硬山式的三连棚（图22），覆以筒瓦，整座建筑形态庄重肃穆，形制恢宏，屋顶形式多样，建筑轮廓显得更为生动起伏（图23～图25）。

图 23 清真寺侧山墙砖花

图 22 从清真寺后院看向主殿侧山墙

图 24 清真寺侧山墙砖花测绘图

所谓"勾连搭"，是将两个或两个以上的坡顶平接，其间形成排水天沟，将雨水排向天沟两端。大殿屋顶采用的就是这种结构，这种建筑结构使清真寺大殿在平面布置上富有极大的灵活性，自明代以后便普遍用于内地清真寺较大的礼拜殿，是中国内地清真寺的一种典型屋顶形式。经过几十年、上百年之后，一座大殿由于穆斯林人口剧增，殿内空间容纳不下时，为了让大殿增大，即可用几个勾连搭。所以，清真寺大殿平面多为窄而深的长方形，这也是中国清真寺大殿建筑花样繁多的重要原因之一。复州城清真寺的两处勾连搭结构，分别作了不同的处理，前殿与礼拜大殿之间排水天沟因跨度较大而坐落在室内分隔墙上，而大殿与窑殿之间的排水天沟则因跨度的收缩而直接连接，在室内空间中轴线上达到了视线通达流畅的效果。清真寺内主建筑为卷棚顶，屋面前坡于脊部呈弧形滚向后坡，前殿和礼拜大殿的山墙也呈弧形，线条流畅，风格平缓，颇有阴柔之美。

图 25 从清真寺前院看向主殿

山墙与房檐瓦交接的地方可见一形状方正刻有花纹的构件，称作墀头，上面刻有经朵（图26）。此外值得一提的是，无论民居还是庙宇，硬山顶建筑山墙上一般不设窗户，而清真寺前殿、礼拜大殿和窑殿的山墙下部均开一圆拱窗。这种设置是由于一般礼拜殿的空间纵深很大，多设窗户可以增加殿内的采光效果的缘故。

图 26 清真寺侧山墙上砖花

复州城清真寺内建筑的椽子和望板（图27）没有彩绘图案，皆漆为暗红色，与寺内庄重肃穆的宗教氛围非常契合。

图 27 清真寺檐下椽子望板

屋面全部铺以青色筒瓦，瓦端为兽脸滴水（图28、图29）。中国传统硬山式建筑等级比较低，所以屋面常见为青瓦并且是板瓦，很少使用筒瓦，可能由于清真寺为宗教建筑，因此复州城清真寺使用筒瓦提高了等级。此外，复州城清真寺在山墙上使用了东北民居中常用的砖雕，图案为荷叶莲花组合和圆形荷花等形式，造型朴素大方（图30）。

图28 清真寺主殿瓦当滴水测绘图

图29 清真寺主殿兽脸滴水

图 30 清真寺主殿屋檐排水口

复州城清真寺建筑屋顶均采用卷棚顶，因此没有明显的正脊，而是由瓦垄直接卷过屋顶，形成一个自然的弧形，看起来活泼美观。脊上饰有龙首脊兽来避邪（图 31 ～图 34）。

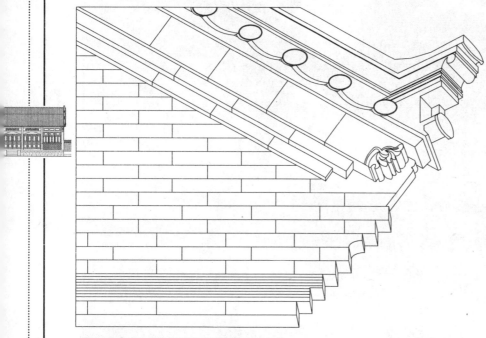

图 31 清真寺主殿卷棚顶垂脊测绘图

图 32 清真寺主殿卷棚顶垂脊走兽

图 33 清真寺主殿卷棚顶垂脊垂兽测绘图

图 34 清真寺主殿卷棚顶垂脊垂兽

大木作梁架

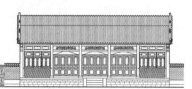

清官式建筑构架有大式、小式之分。大式建筑等级较高，多用斗拱，也有不用斗拱的，用材较为粗壮。小式建筑规模小，不用斗拱，用料也较节省。复州城清真寺内部梁架无斗拱，等级虽不算高，但其室内全部朱红色的去除繁缛装饰简洁大方的梁柱结构烘托出了一种朴素纯真的宗教氛围（图35）。复州城清真寺建筑均为北方常用的抬梁式结构，其中卷前殿为六檩六架梁结构，礼拜大殿建筑为八檩六架梁结构，窑殿为六檩六架梁结构。抬梁式结构使室内空间流畅，同时两侧做抱头梁和檐柱共同延伸的空间，亦增大了空间以便容纳更多的信徒。由于采用卷棚顶（即圆弧顶），因此脊檩上采用罗锅椽过陇，做成圆弧形形成卷棚式元宝脊。卷棚顶部月梁（即顶梁），做简洁直弓造型，下由瓜柱支撑。复州城清真寺的梁与柱为十字交叉出头，金柱与檐柱间的穿插枋同样穿出柱外。同国内其他清真寺一样，寺内建筑物的梁、枋基调色多用暗红、鸭头绿、青、灰白、黑和金色。梁、枋上无彩绘，饰有黑底金字经朵（清真言），着重突出了伊斯兰教风格。

图35 清真寺室内红色梁架

清真寺前殿明间前出垂带式石阶三级（图36）。满装石座即整个台明包括台帮全部采用当地石材作石活，属中等台基；台基有檐廊、立柱，无栏杆。

不同于宫殿或庙宇建筑大殿上华丽的雀替，复州城清真寺卷棚前殿上的雀替（图37～图39）比较小巧，仅刻有卷草纹样，波纹涡状结构形式为主，线条简洁流畅，不施彩绘，和柱枋的颜色一样均为暗红色，轻盈的造型、素雅的色调暗合清真寺的朴素典雅的氛围。

图 36 清真寺主殿入口垂带式台阶

图 37 清真寺主殿上雀替

图 38 清真寺主殿上雀替测绘图

图 39 清真寺主殿上雀替渲染图

复州城清真寺前殿木质金柱和廊柱下垫以简洁的圆鼓式柱础（图 40）。柱础是柱子下面所安放的基石，用以承受屋柱压力，还能使柱子不因受潮湿而腐烂，柱础虽小，但却是中国传统建筑所不可或缺的部分。此外，异彩纷呈的额枋彩绘和凹内壁（图 41～图 43）也是清真寺极具特色的地方。

图 40 清真寺主殿柱础

图 41 清真寺额枋彩绘测绘图

图 42 清真寺额枋彩绘彩色渲染图

图 43　清真寺主殿内凹壁大样测绘图

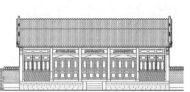

小木作装修

建筑向东开门，所有墙壁除凹壁后墙外，其他各个墙面均有对称开窗。且除礼拜大殿沿室内主轴线两侧左右墙面开窗为正圆形外，其他窗在外面看来为砖砌圆拱形窗洞（图44），在内为矩形门（图45～图47）。窗棂形式主要有"龟背锦""井"字等祥瑞图案。这些装饰艺术，使清真寺融入了中国传统装饰手法，望之亲切别致。

图 44 清真寺主殿砖砌圆拱型窗洞

图 45 清真寺主殿隔扇门

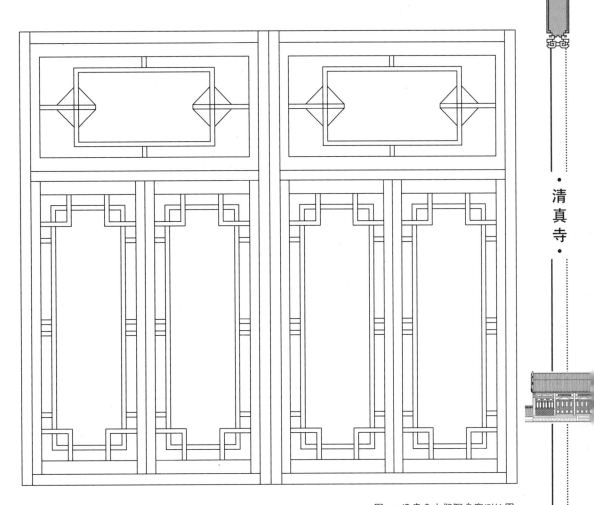

图 46 清真寺主殿隔扇窗测绘图

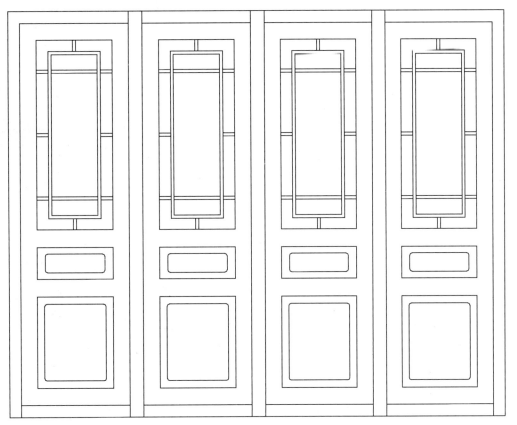

图 47 清真寺主殿隔扇门测绘图

复州城清真寺卷棚殿额枋与廊柱相交处有黑木精美镂空祥云纹样雀替，檐下悬有"处守法规""返璞归真""爱国爱教"等金字匾额及"开天立正教行大道万物总归，至圣奉古兰育众生诚徒主命"对联。朱红廊柱、梁枋、青砖灰瓦、卷棚垂脊（图48）、黑底金字汉回文匾额，使整体色调既具中国北方传统寺院建筑沉稳庄重的特征，又富有异域宗教的气韵。

艺术价值

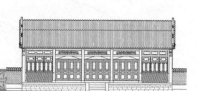

礼拜大殿，是穆斯林进行宗教活动之处，更是清真寺最为圣洁的场所。其内部空间的组织，强调伊斯兰教的精神内涵。复州城清真寺礼拜殿从外观上看，是典型的中国传统木构建筑形式，从内部空间看，则具有浓郁的伊斯兰教氛围。整个建筑空间层次分明，轴线清晰，具有明确的宗教建筑空间序列。

中国内地清真寺建筑艺术的重要组成部分是中西合璧的建筑装饰，也可以说是这类清真寺建筑最鲜明的特点之一。复州城清真寺也不例外，带有明显的中国内地传统建筑装饰手法（图49）和伊斯兰教装饰风格，以及辽南地区和东北民居特色。在把握建筑群色彩基调上，既充分发挥了中国古建筑的传统装饰手段，又突出了伊斯兰教的宗教内涵，从而取得了富有伊斯兰教特色的总体效果。该寺的雕刻、匾额、楹联等艺术手法更是富有地区特色，并在中外艺术手法对比中求统一，层次丰富而含蓄。复州城清真寺从建寺到如今虽经几次改造扩建，但室内外装饰都保留了原有的风格（图50）。它的存在为我们研究清真寺宗教建筑及伊斯兰教在辽南地区的传播价值颇大。

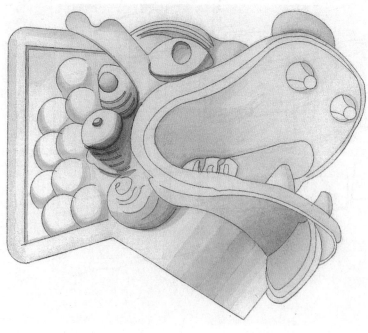

图 49 清真寺主殿卷棚顶垂脊垂兽

图 50 清真寺主殿

参考文献

[1] 大连百科全书编纂委员会 . 大连百科全书 [M] . 北京：中国大百科全书出版社 , 1999.

[2] 李允鉌 . 华夏意匠 [M] . 天津：天津大学出版社 , 2005.

[3] 赵广超 . 不只中国木建筑 [M] . 北京：生活·读书·新知三联书店 , 2006.

[4] 大连通史编纂委员会 . 大连通史——古代卷 [M] . 北京：人民出版社 , 2007.

[5] 陆元鼎 . 中国民居研究五十年 [J] . 建筑学报 , 2007 (11).

[6] 中国民族建筑研究会 . 中国民族建筑研究 [M] . 北京：中国建筑工业出版社 , 2008.

[7] 孙激扬，杲树 . 普兰店史话 [M] . 大连：大连海事大学出版社 , 2008.

[8] 李振远 . 大连文化解读 [M] . 大连：大连出版社 , 2009.

[9] 大连市文化广播影视局 . 大连文物要览 [M] . 大连：大连出版社 , 2009.

历史照片

取自《大连老建筑——凝固的记忆》

CAD 测绘

大连理工大学建筑系 06 级队

大连理工大学建筑系 07 级队

大连理工大学建筑系 09 级队

大连理工大学建筑系 10 级队

大连理工大学建筑系 11 级队

大连理工大学建筑系 12 级队

大连理工大学建筑系 13 级队

影像资料采集

大连风云建筑设计有限公司

大连兰亭聚文化传媒有限公司

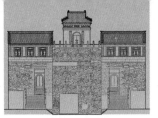

后 记

在大家的共同的努力下，在众多有识之士的帮助与支持下，这套介绍大连古建筑的丛书终于出版了，需要感谢的人太多了！

我们要感谢齐康院士对本丛书提出的宝贵意见，并为本丛书欣然命笔写了序。我们要感谢普兰店市文体局张福君局长，连续几年的调研、测绘工作是在张局长帮助与支持下完成的。我们要感谢大连理工大学建筑与艺术学院建筑系06～13级的同学们，每当夏天就是我们共同在测绘现场的日子。我们要感谢兰亭聚文化传媒有限公司的陈煜董事长及其团队，他们无冬历夏反复的、精益求精的拍摄让我们感受到了专业团队的敬业精神。正是有这么多人，他们怀着对古建筑和传统文化探索的热情，有的默默工作，有的奔走呼号。他们的言行鞭策着我们，他们的言行更是我们的动力。

在大连这座曾经的殖民地城市做中国古建筑调研工作的选题其实是要点勇气的。其次，对这样一批分布较散的建筑进行调研、测绘等工作，其工作量之大我们也是预先估计不足的，有一些工作现场先后去了不下五六次。再者，参与策划、调研、咨询、测绘和摄影摄像等工作的人员众多，工作周期很长，需要克服的如时间、经费及工作环境与条件等因素也较多。个中的艰辛和劳心劳力就不必细说了，任务完成之余大家感慨万千，商量许久，共同留下了一些感想：

通过参与这几年对大连的这批古建筑的调研工作，具体的感触是让我们觉得古建筑的保护仍然是个十分严峻的课题。这10余处古建筑大多为省保单位，只有一两处为市保单位，甚至还有一处为国保单位。它们无论从保护的制度到措施一应俱全，因此还算基本保存完好，但也存在一些问题。然而调研的有些古建筑也是保护单位，并且本身也具备一些历史价值，但从保护的角度看却显得不如人意，故无法将其收录。有些古建筑已经无法无破坏性修缮，有的古建筑的原状已经被歪曲篡改，其艺术价值和工艺价值都大大降低。有些古建筑单位在修缮中任意扩大规模，甚至过度开发旅游，加建太多破坏了环境。有些在修缮中夸大古建筑原有的等级，建筑装饰与彩绘失去规制，建筑风格南辕北辙。我们调研的大多数修缮过的古建筑，基本上不采用传统工艺。只有真正达到保存原来的传统工艺技术，还需要保存其形制、结构与材料，才能达到保存古建筑的原状。修缮文物古建筑的基本原则是要用原有的技术、原有的工艺、原有的材料，这也是搞好文物古建筑修缮的根本保证。《中国文物古迹保护准则》第二十二条也规定："按照保护要求使用保护技术。独特的传统工艺技术必须保留。所有的新材料和新工艺都必须经过前期试验和研究，证明是有效的，对文物古迹是无害的，才可以使用。"在传统工艺方面我们做得太不够了。

我们还体会到，决不能抛弃民族传统，割断历史，因为中国古建筑与传统城市的艺术、功能和形式是经过了几千年的历史发展逐步形成的。对我国独特的传统文化的追求和继承，不应仅仅停留在形式剪辑的层面上，而应追求内涵和精神方面更深层面的表现，将现代要求、现代方法与传统的文化形态很好地结合起来，做到灵活运用，并抓住中国传统城市与古建筑文化的本质内涵。

并且我们理应肩负起中国传统建筑文化的现代化使命，去面对当今建筑文化全球化趋势的挑战。这就要求我们认识中国传统建筑文化的本质内涵，从哲学的深度来研究传统文化的起源、变化和发展，要求我们对传统文化的精髓有比较深刻的理解，认真从传统城市与古建筑的演变过程中，探索出继承、创新及发展的新思路。

胡文荟

2015 年 4 月

大连古建筑测绘十书

合作单位：大连风云建筑设计有限公司

装帧设计：孙琳、姜天泽、刘诗倩、姜寒露

凤凰出版传媒股份有限公司
PHOENIX PUBLISHING & MEDIA, INC.

凤凰空间 IFENGSPACE

荣誉出品

www.ifengspace.cn　销售电话：+86-22-6026-6193
投稿：tougao@ifengspace.com　版权所有，翻版必究

凤凰空间
新浪微博

中国清真寺可以分为两大体系：一类是阿拉伯风格的清真寺，主要分布在新疆等少数民族地区；一类是中国传统建筑风格的清真寺，多为明清时期修建或重建的，主要分布在内地。后者更能体现伊斯兰教在中国的本土化特征。

关注风云国际
建筑设计

关注凤凰空间
官方微信获得
更多免费优质
资源

上架建议 ◎ 建筑设计

ISBN 978-7-5537-5708-7

9 787553 757087 >

定价：78.80 元

地　址：天津市南开区白堤路240号科园科贸大厦
电　话：86-22-60266190（直线）
　　　　86-22-60262226 / 60262227 / 60262228（总机）
传　真：86-22-60266199
E-mail：ifengspace@163.com